# CAMBIO CLIMÁTICO

## LA VERDAD DE LO QUE SE NOS VIENE ENCIMA

Las revelaciones de los que no tienen «opción de hablar»

Traducción de la parte científica (2/3) del libro "Climat : non coupables !" (Paul de Métairy, físico, France), por Pedro Rodea.

Rob Coe (Universidad de Santa Cruz, California):

*Dear Paul,*

*What you suggest seems to me to deserve serious thougt.* (Querido Paul, lo que me sugiere, parece digno de ser tomado seriamente en consideración).

Ante todo, es necesario que les tranquilice un poco...

Yo no soy el «gurú» de una secta que anuncia cada noche el fin del mundo para mañana a las 17h 47 m., y que encuentra, día tras día, «excusas» más o menos esotéricas para «explicar el retraso inexplicable»...

De hecho, tengo formación en física, matemáticas y química. En la universidad, mi especialidad era la lógica matemática.

En la inteligencia humana, hay siete grados: el grado supremo es el de la evaluación. Antaño, en U.S.A., para elegir a un dirigente se trazaba una línea horizontal en la pizarra, y se pedía a cada candidato que marcara el punto medio de esta línea, para «evaluar» ese medio y mostrar así dónde estaba respecto a este séptimo grado de inteligencia.

Por mi parte, yo estoy solo... en el 2º grado, el de la «aplicación», pero ahí soy muy eficaz. Mi especialidad (ya universitaria) es sacar partido de los trabajos de otros, además de los míos, de hacer la síntesis de ellos y de sacar las conclusiones lógicas evidentes, más eficazmente que los autores de los trabajos parciales que no tienen esta visión de conjunto.

En fin, contrariamente a la mayoría de los investigadores, ya no tengo a nadie a quien rendir cuentas de nada, pues ya no dependo de subsidios oficiales ni privados, y por lo tanto puedo permitirme una total libertad de expresión. Y usted se va a «beneficiar» de ello, le guste o no...

## Cómo comenzó todo......

En los años 80, numerosos científicos serios, poco a poco comenzaron a darse cuenta de que había signos que evidenciaban un lento calentamiento climático.

No científicos, mucho menos serios, recurrieron a sus explicaciones primitivas. Habiendo devenido tangible este calentamiento con el crecimiento de la población mundial, corrieron a establecer la causa, muy, muy deprisa.

Nuestras calefacciones domesticas calientan (¡felizmente!) y recalientan el aire. Nuestros coches tienen motores y tubos de escape que calientan y recalientan el aire. Nuestras fábricas vomitan humo muy caliente y calientan el aire. He aquí los culpables, era simple.

Demasiado simple...

Algunos científicos quisieron entonces dar al asunto un «look» (un aspecto) más riguroso; había que dar un nombre preciso al culpable, lo que tendría la ventaja de permitir condenarle (nada es más irritante que un culpable que no tiene nombre...).

Se preguntaron lo que tenían en común estos vómitos de gases calientes. No era necesario ser licenciado para conocer el resultado de una combustión: $C + O_2 \rightarrow CO_2$   ¡Eureka!

Entonces se recordaron oportunamente las teorías del siglo XIX, donde John Tendal atribuía la retención de calor, en la atmósfera, al vapor de agua y, más precisamente a este $CO_2$. Antes de él, en 1780, Horace de Saussure había medido los efectos térmicos de la radiación solar sobre recipientes transparentes, análogos a un invernadero.

Re-«Eureka» se dijeron algunos (un poco rápido): el culpable ha sido encontrado, es el $CO_2$ y su «efecto invernadero».

Cuando, en aquel momento, se le contó eso al comandante Cousteau, literalmente se partió de risa.

Él sabía bien que lo que retiene el calor, es al 90 %, el vapor de agua y las nubes. En una noche de invierno sin nubes, hay, por ejemplo -5º C, y la noche siguiente, gracias a la cobertura nubosa, uno se encuentra con +7º C. Eso supone una subida de la temperatura de 12º C en una noche, y no hay que discutir por unas décimas de grado en un siglo...

Vea también lo que pasa en el Sahara: a pesar del «terrible» $CO_2$, por la noche hiela, porque en ese desierto extremadamente seco, falta precisamente el vapor de agua...

Usted sabe lo que es un «gas raro», por ejemplo el argón. ¿Sabe cuál es el porcentaje de este gas raro en el aire? Es del 1%. ¿Sabe cuál es el porcentaje del temible $CO_2$? ¿30 %? ¿10 %? Ni eso: su porcentaje es apenas un 0,03%, o sea, 30 veces menos que un gas calificado como «raro»; por lo tanto, el $CO_2$ es matemáticamente un gas «ultrarraro». En un artículo de antes del delirio (Theo Loebsack), se hablaba de «trazas» de $CO_2$.

Se puede comprender ahora por qué este gas más que raro, es incapaz de retener el calor diurno del desierto y de impedir que la temperatura suba 50° en pocas horas...

Estas consideraciones de simple sentido común, no han intrigado a nadie...

Después, los «medios» también se subieron al tren. Como algunos medios son el último refugio de aquellos que han fracasado en sus estudios, se podía temer lo peor (los entrevistadores no comprendían nada de lo que preguntaban y aún menos las respuestas...).

Y de esta manera, la locura del $CO_2$ emprendió su asombrosa carrera mediática.

Ante esta batalla ultra-mediatizada, los políticos, sin conocimientos científicos suficientes, tampoco quisieron quedarse en el andén y tomaron el tren en marcha; después, se pusieron en cabeza para acelerar, e incluso disparar dicho tren.

A eso siguió una «puja» con los científicos que querían retomar este asunto que, normalmente, debía permanecer en sus manos y que se les escapaba. Volvieron por tanto al «ataque», y esto desencadenó la espiral infernal: los medios, los políticos, los científicos... se convencieron mutuamente, perdiendo toda objetividad y sentido común...

Por su parte, el público se decía que los medios, los políticos y los científicos no podían equivocarse todos, y así seguían a aquellos que más gritaban y más les culpabilizaban...

De donde los desvaríos, tales como el de un impuesto (hipócrita) sobre el carbono, de un diputado que quería limitar los nacimientos, porque nuestra respiración producía $CO_2$, así como la incitación a no beber café ni comer chocolate debido a que su transporte generaba $CO_2$, y como la locura de los coches bautizados erróneamente como «limpios», encabezada por los aberrantes vehículos eléctricos.

Sí, he dicho bien: «aberrantes». Pues aunque estos vehículos no producen $CO_2$, ¿qué pasa con las centrales que producen su electricidad? O bien son térmicas y producen $CO_2$ en lugar de los coches, o bien son centrales nucleares con sus problemáticos desechos.

Cuando se piensa que la Bretaña, cada invierno, está al borde del colapso general por la penuria eléctrica, ¿qué pasará cuando el (futuro) millón de coches eléctricos se pongan todos a la vez a recargar cada noche? Si todos los automovilistas de Francia se pasan al coche eléctrico, ¿cuántas centrales eléctricas más serán necesarias?

¿Y qué tipo de centrales? Las nucleares provocan aullidos, las térmicas contaminan; tempestades de protestas se levantan por las eólicas; la solar está mal vista por los ayuntamientos, provoca desertización en la zona, así como la envidia de aquellos que piensan que reporta fortunas, fortunas que pagamos todos vía impuestos.

Hay también aspectos poco prácticos, sobre los cuales se prefiere no insistir demasiado. Por ejemplo, en invierno, después de una noche a −10°, ¿en qué estado se encontrará la batería del vehículo? Cuando ya se tienen problemas en un coche ordinario, para hacer girar el motor de arranque congelado, ¿cómo una batería congelada puede arrancar el vehículo? ¿Y qué pasa con la calefacción? Si para calentar el interior del vehículo a −10°, se debe tirar a fondo de una batería ya dañada por el frío, es evidente que su autonomía va a resentirse trágicamente...

¿Ha imaginado también cómo recargar un coche en el curso de la jornada? Se nos prometen puntos de recarga por aquí y por allá (¡en la ciudad!) más un punto de recarga en cada supermercado. Esto es olvidar que una recarga, incluso acelerada (lo que acelera también el fin de la batería), tarda de veinte minutos (carga parcial) a una hora. Si en las gasolineras despotricamos cuando hay tres coches delante de nosotros, a razón de tres minutos por coche, ¿Cómo vamos a reaccionar cuando haya delante de nosotros tres coches eléctricos a razón de una hora por coche?

Y, visto el ratio lamentable {número de puntos de recarga / número de coches}, son más bien trescientos coches los que corremos el riesgo de tener delante. En cuanto al punto de recarga de un supermercado, solo tendrá acceso a él un coche por hora... ¿Y quién va a pagar todo eso? Solo en París serian necesarios miles de puntos de recarga (más el espacio donde aparcar). ¿Y quién va a costear la electricidad de esos miles de puntos de recarga?

En resumen, hay que dejar de creer que el coche eléctrico es la panacea...

Aquí cerramos este (consternante) paréntesis.

## Gas y radiación

Primero hay que recordar que una molécula está compuesta de átomos que tienen cada uno un núcleo y varios electrones. Los electrones se encuentran como sobre escalones de una «escalera energética», según sean más o menos excitados por una radiación.

Lo que complica esto, es que esos escalones, según la teoría cuántica, corresponden a valores muy precisos, y no es posible encontrarse «entre dos valores».

Estos niveles de energía están también en relación con el hecho de que los átomos oscilan, ejecutan rotaciones e incluso vibran en su lugar.

Cuantos más elementos hay en una molécula (átomos y electrones) más «escalones posibles hay, dado el elevado número de combinaciones entre oscilaciones, rotaciones y vibraciones.

¿Qué pasa cuando una radiación encuentra una molécula?

Todo depende de la frecuencia de esa radiación. Si esa frecuencia no corresponde a ninguna altura de «escalón» de la molécula, los electrones se quedan tal cual y ven pasar el tren (de ondas): éste pasa sin detenerse... o es parcialmente devuelto por donde ha venido, como cuando se intenta poner un pie en un tiovivo que gira velozmente, en analogía con los electrones que giran en torno al núcleo de la molécula.

Por el contrario, si uno o varios «escalones» corresponden a la frecuencia de la onda, los electrones de esos «escalones» no se quedan en paz, son excitados y suben uno o varios escalones, tomando una parte de la energía de la onda: hay absorción. Cuando los electrones se calman, descienden a los escalones inferiores, más confortables, y restituyen una onda, bien de la misma frecuencia (si vuelven al escalón donde estaban), o bien de una frecuencia inferior (si no descienden tanto); en ningún caso pueden descender por debajo de su punto de partida y emitir una onda de frecuencia superior a la original. También pueden no restituir ninguna onda, sino aumentar la energía cinética de la molécula: entonces hay absorción total.

Se comprende que cuanto más compleja es una molécula y más ejes de rotación tiene, tantos más «escalones» tiene y más posibilidades de encontrar la «onda gemela».

Por ejemplo, el nitrógeno, $N_2$, solo tiene dos ejes de rotación (horizontal y vertical) y sus posibilidades son menores que las de la molécula de agua que es curvada y tiene seis ejes de rotación...

Todo depende así de la naturaleza de las moléculas que hay en el cielo. Las moléculas biatómicas como $N_2$, $O_2$ y $H_2$, parecen bastoncillos que no retienen ni reflejan gran cosa, lo que nos beneficia, ya que si no fuera sí estaríamos en la obscuridad... Los rayos solares no calientan por tanto el aire compuesto de estas moléculas, pero si el suelo o el mar, que a su vez recalientan el aire por convección (y no a la inversa).

Moléculas triatómicas o más (ozono $O_3$, metano $CH_4$, agua $H_2O$, $CO_2$, etc.) actúan de manera diferente. Por ejemplo, el metano parece una pirámide de base triangular plena (carbono en el centro), y tiene una gran capacidad de absorción o de reflexión.

El agua, con brazos separados por 105° solo, se parece a un jugador de tenis con una raqueta en cada mano, con las cuales reenvía todo lo que puede, lo que explica que la cima y los orbes de las nubes sean blancos (reenvío de la luz solar) y que la base sea a veces muy negra (como los cúmulo-nimbos tormentosos, suficientemente espesos como para reflejar el 90 % de la luz solar).

El ozono, con brazos ampliamente separados a 122°, es un verdadero colador, salvo para algunos rayos UVA.

El $CO_2$, con tres átomos <u>en línea</u>, es mejor que dos, pero no es terrible bajo el punto de vista de la acción sobre las radiaciones, se diga lo que se diga...

Todo esto explica que nos lleguen la mayor parte de los rayos solares.

# El efecto «invernadero»

Al tocar la tierra, la radiación, después de una absorción parcial, puede ser reenviada como infrarrojos (calientes) hacia el cielo; si en el cielo, esta nueva onda encuentra una molécula gruesa del género del metano o del vapor de agua, puede ser reenviada de nuevo hacia el suelo, aún más en lo infrarrojo, y el ciclo puede recomenzar hasta el momento en que la onda es demasiado débil para «subir» siquiera al primer escalón de un electrón.

Además de la reflexión de la onda, la molécula en el cielo también puede redifundir la onda en todas las direcciones, comprendida la dirección hacia arriba, lo que nos evita un calentamiento exponencial...

Por el efecto invernadero que resulta de los ir y venir de las ondas, es evidente que es necesaria una cierta <u>distancia</u> entre el suelo y una capa suficientemente homogénea de gas. Si se pone una placa de cristal directamente en el suelo, ella permanece fría; de la misma manera, si la capa de gas es muy poco densa, es como un invernadero con los cristales rotos...

Es necesario también que el gas sea más ligero que el aire para poder hacer una suerte de cobertura en altura; es el caso del vapor de agua (nubes), y ese podría ser el caso del metano si un accidente natural proyectara un día una gran cantidad de él en la atmósfera (hidrato de metano de los fondos oceánicos).

¿Y qué pasa con el $CO_2$ en todo eso? Su complejidad (número de electrones, ejes de rotación y posibilidades de vibración) harían de él un buen candidato, pero...

## El $CO_2$: ¿no culpable?

De niños, todos nosotros hemos tratado de inflar alguna vez un globo soplando con la boca; terminada la operación, venía la decepción de ver al globo caer inexorablemente al suelo, en lugar de elevarse en el aire. La explicación es muy simple: lo que habíamos insuflado en el globo es una mezcla de aire y de $CO_2$ proveniente de nuestra respiración; ahora bien, hay que saber que el $CO_2$ tiene una densidad de 1,52 en relación al aire, es decir, que es un 52 % más pesado que el aire y que, por lo tanto, lógicamente baja hacia el suelo.

Es debido a esta mayor densidad que el $CO_2$ tiene tendencia a acumularse en el fondo de los pozos (peligro de asfixia) o en las grutas con un fuerte declive (la respiración deviene difícil en algunas simas turísticas muy visitadas...)

Este gas ($CO_2$) puede ser «vertido» de un recipiente a otro sin ningún riesgo de verle «esfumarse».

El 21 de agosto de 1986, una enorme bolsa de 1,75 millones de toneladas de $CO_2$ se desprendió del fondo del lago del cráter volcánico Nyos en Camerún. Allí también, en lugar de elevarse por los aires para formar una cobertura de efecto «invernadero», el gas se extendió lógicamente al nivel del suelo, ocupando el lugar del aire en un radio de 25 Km. y asfixiando a 1.700 humanos y miles de animales.

No se ve, por cuál milagro, un gas que tiende, por su densidad, a permanecer a ras del suelo, se pondría súbitamente a tomar altura (y a quedarse ahí) para desempeñar el papel de tapadera del puchero...

Se sabe que, arriba de los rascacielos, ya se está por encima de los gases pesados de la polución; he aquí ejemplos de algunas densidades: Cloro: 2,47; $SO_2$: 2,26; $NO_2$: 1,61). En cuando al NO (producido por los motores diesel), de la misma densidad que el aire, se combina con el ozono (producido por los coches de gasolina) para formar oxígeno y no $NO_2$ (De dónde pues el absurdo, en caso de polución por ozono, de prohibir circular a los diesel)

También se ve lo que pasa con el ozono ($O_3$): de densidad 1,72 (72 % más pesado que el aire), el ozono producido en altitud baja, se queda ahí, y no sube a rellenar los agujeros en la capa de ozono situada de 30 a 50 kilómetros más arriba... hay que observar que esta capa de ozono de altura, aunque más pesada que el aire, no desciende debido a una perpetua transformación del ozono (inestable) en oxígeno (más ligero) y a una retransformación del oxígeno en ozono bajo la acción de los rayos ultravioleta: $3O_2 \rightarrow 2O_3$ (sin hablar de los violentos vientos de la estratosfera que hacen de barrera a un descenso de este ozono).

Otro punto perturbador: los lugares donde hay más $CO_2$ son las ciudades (lo cual es lógico) ¡pero también... *los bosques*...! En efecto, en los bosques, las hojas muertas y otras materias descompuestas por las bacterias, producen $CO_2$ continuamente, además de la respiración natural de las plantas; por la noche, cuando no hay fotosíntesis y el $CO_2$ no se transforma en oxígeno, la tasa de $CO_2$ es máxima, pues emana de las hojas y también del tronco y de las raíces. Los «pozos de carbono» son también «géiseres de $CO_2$», y el fenómeno se acentúa más en periodos de sequía...

Así pues, el $CO_2$, cuyo porcentaje es insignificante en el aire, no puede provocar un efecto invernadero más que si todo el $CO_2$ hiciera como el ozono, es decir, constituir una capa homogénea a una cierta altura del suelo, lo que no es el caso, por la elevada densidad del $CO_2$.

La fotografía siguiente es por lo tanto inexacta porque es físicamente imposible.

Es necesario entonces redescender al nivel molecular: cada molécula puede absorber calor individualmente.

Es lo que pasa con el $CO_2$, pero de manera muy limitada debido a su rareza: recordemos su influencia extremadamente débil en la preservación del calor de los desiertos...

## ¿Por qué no el metano?

El metano ($CH_4$), de densidad 0,554 (alrededor de la mitad menos pesado que el aire), es efectivamente un gas que puede producir un efecto invernadero tangible, vista sobre todo su estructura piramidal (ver más atrás) y su posibilidad de tomar altura para desempeñar el papel de tapadera del puchero.

¿Pero, qué produce metano y lo envía al aire?

Después de haber investigado mucho, se ha terminado por encontrar algunos «productores»: los rumiantes. Cuando una vaca emite gas (flatulencias), lo que sale está compuesto efectivamente por metano. Cierto, una vaca que pee, hace reír. Pero imaginemos los 2.000 millones de bovinos con los que cuenta el planeta, peyendo las 24 horas... Entonces habría efectivamente una «cierta» producción de gas con efecto invernadero. Ahora queda saber si eso puede ser verdaderamente peligroso, y si va a ser necesario dejar que se extienda la enfermedad de las «vacas locas», o poner un catalizador en el culo de cada rumiante...

Visto el porcentaje actual de metano en el aire, de apenas un 0,005 %, más vale cortar por lo sano la polémica.

Pero, *hay otra fuente* de metano, insospechada, debido a que viene del fondo de los océanos, que puede producir cantidades absolutamente fenomenales de metano: El *hidrato de metano*. Este compuesto es un cuerpo sólido, blanco, parecido al hielo, pero un hielo que puede arder, lo que es bastante espectacular.

Este hidrato está aprisionado en las rocas del fondo de los océanos, y solo se libera cuando hay movimientos tectónicos, ya sea de manera difusa por grietas reducidas, ya sea de manera dramática cuando hay un violento temblor de tierra en el peor sitio: hace unos diez mil millones de años, 350 mil millones (!) de toneladas de este hidrato se escaparon de una vez a lo largo de Noruega, y la temperatura del globo terráqueo subió alrededor de un grado.

Como anécdota, les dejo la tarea de convertir estos 350 mil millones de toneladas en pedos de vaca, sabiendo que 22,4 litros de metano pesan 16 gramos y que un pedo de vaca media equivale a 0,23618 litros...

En nuestra época, este fenómeno ha provocado catástrofes en el célebre triángulo de las Bermudas, donde navíos y aviones se han «evaporado» en un instante, sin haber tenido siquiera tiempo de lanzar un S.O.S. De hecho, la explicación es trágicamente simple.

Esta parte del océano Atlántico es llamada también Mar de los Sargazos a causa de la abundancia de estas algas. Estas algas acaban por descomponerse en el fondo del océano y se transforman en hidrato de metano por efecto de la presión. Pero ocurre que, súbitamente, una gran cantidad de este hidrato se libera en una gigantesca burbuja de metano, que sube a la superficie del mar.

Un navío que se encuentre con esta espuma de metano, evidentemente incapaz de sostenerle, se hunde instantáneamente.

Después, esta burbuja continúa elevándose en el aire, que toma una coloración amarillenta «rara», según los aviadores; pero cuando su avión penetra en este gas, con los motores y el fuselaje bien ardientes, les dejo imaginar la explosión desintegradora del aparato, del cual ya no queda nada, lo que ha hecho pensar a algunos que el avión había cambiado de mundo...

En resumen, el metano solo se revela como un gas de efecto invernadero cuando hay una emisión masiva a consecuencia de un brusco movimiento de los fondos marinos, lo que no es el caso, al menos de momento.

En efecto, si los océanos se calientan (a consecuencia de otro fenómeno, ver más adelante), es la emisión difusa y continua de este gas la que puede revelarse muy preocupante y puede ser como una bola de nieve que provoque un efecto invernadero que guarde aún más el calor de los océanos, lo que provocará más liberación de metano. Y ahí, el hombre, solo podrá darse cuenta de su impotencia total...

## Volvamos al $CO_2$

Puesto que, por el momento, el metano no representa una amenaza, volvamos al examen de las aserciones concernientes al $CO_2$.

Más allá de la controversia en materia de calentamiento climático, todas las partes están de acuerdo al menos en tres datos: el porcentaje de

$CO_2$ en el aire (0,035 %), la cantidad de $CO_2$ liberada por los humanos (17 mil millones de toneladas) y el peso de la atmósfera (5,29 x 10$^{15}$ toneladas, es decir, 5,29 x 10$^6$ mil millones de toneladas). Hagamos un cálculo ultrasimple...

A partir del porcentaje de $CO_2$, calculemos su peso total: 5,29 x 10$^6$ x (0,035/100) = 1.851 mil millones de toneladas. Se constata entonces que la parte humana (17 mil millones de toneladas) **no llega siquiera al 1 %**: 17x100/1851 = 0,92%...

Por lo tanto, matemáticamente, **el 99,08 % de $CO_2$ no es de origen humano**: así pues, si toda la humanidad desapareciera con su infortunado 0,92 %, eso no tendría ninguna influencia sensible, y esto hay que aceptarlo: ¡las matemáticas no hacen política!

Desde el espacio, no se ve ningún humano, ninguna ciudad, pero se ven los bosques y sobre todo los océanos. La casi totalidad el $CO_2$ proviene de la «respiración» de los bosques (en periodos de sequía, los bosques emiten más $CO_2$ del que consumen), de las materias en descomposición en los bosques, de la desgasificación del mar, y sobre todo de los cincuenta volcanes en actividad permanente.

Hay que dejar de centrarse en los coches, con sus escasos gramos de $CO_2$ emitidos (que son más frecuentes en parada que en circulación...) Es cierto que la tasa de $CO_2$ debida a los humanos ha aumentado en un 40 % en los últimos 150 años, es decir, que hemos pasado de 0,7 % a 0,9 %... ¡un puñado de moscas! Esta escasa influencia de las actividades humanas en relación a las fuentes naturales constituye además una desventaja cuando se de una penuria de $CO_2$ de aquí a algunas decenas o centenas de años (ver más adelante).

También es necesario sacar las consecuencias: echar por tierra toda nuestra economía para reducir nuestro 0,92 % a 0,91 %, mientras no podemos **hacer nada** contra el 99,08 % natural, ¿no es una aberración sin paliativos?

Pero hay más... De hecho, **el ser humano no crea ningún $CO_2$**, solo restituye lo que toma.

El $CO_2$ del aire sirve para que crezcan las plantas, que sirven para alimentar a los animales herbívoros. Los carnívoros se comen a esos herbívoros. Los humanos se sirven de todo eso, pues comen tanto vegetal como animal. Después, por la combustión interna de ese material, los humanos emiten $CO_2$ por la respiración, por las materias fecales y, después de su muerte, en la cremación o en la descomposición. Así pues, el hombre solo toma prestado el $CO_2$, y es completamente inútil prohibirle «procrear demasiado», como pretendía un diputado...

Quemando leña, se restituye al aire el $CO_2$ que ha servido en la constitución de los árboles.

No ocurre lo mismo con las energías fósiles (carbón, petróleo, gas) que resultan del enterramiento de bosques constituidos a partir de $CO_2$: «*En la era primaria*, la materia vegetal, atrapada en gigantescas fosas nacidas de movimientos subsidentes, no fue enteramente reciclada: éste es el fenómeno de la fosilización en el origen del carbón y del petróleo. Al consumir estas reservas, el hombre vuelve a poner en circulación el elemento carbono sustraído hasta ahora de los *ciclos naturales*» (Artículo científico de 1978, antes del delirio actual).

Esta «substracción» del carbono explica, paradójicamente, que vivamos ahora, **matemáticamente**, una penuria de $CO_2$: «*El porcentaje en el aire de anhídrido carbónico se sitúa normalmente entre el 0,01 % y el 0,1 %*» (Dessart y Jodogne, *Curso de Química*, 1960, también antes del delirio actual). La media entre 0,01 % y el 0,1 % es 0,055 %, y con 0,035 % **estamos un 57 % por**

**debajo de la media** (0,035 % + 57 % = 0,055). Son datos matemáticos e irrefutables, muy lejos de delirios muy poco razonables.

Con menos del 1 % de influencia, el hombre es absolutamente incapaz de llenar este agujero, y es afortunado de que el crecimiento actual del vulcanismo venga un poco en nuestro socorro.

En cuanto a los aprendices de brujo que sueñan con hacer disminuir el $CO_2$, espero que comprendan que siguen la ruta equivocada; felizmente, su capacidad de hacer daño solo concierne a una parte ridícula del pobre 0,9 % emitido por las actividades humanas.

¡Hay que recordar también que el $CO_2$ es la vida! La vegetación, base de la cadena alimentaria, es incapaz de extraer del suelo el carbono que necesita, y solo puede vivir gracias al $CO_2$ de aire. Si el $CO_2$ disminuyera, solo habría plantas esmirriadas y cosechas raquíticas. Imaginemos que el $CO_2$ desapareciera totalmente: se acabaron las plantas, los herbívoros, los carnívoros y el fitoplancton marino (que produce el 80 % de nuestro oxígeno), ya no habría casi peces, y, por lo tanto, habría una hambruna general que eliminaría a la humanidad. Ahora bien, tampoco estamos como para echar las campanas al vuelo: con su pequeño 0,035 % en la atmósfera, el porcentaje del $CO_2$ es apenas 1/3 de lo que debería ser, de modo que estamos en déficit crónico.

Pero hay más: el porcentaje del $CO_2$, hagamos lo que hagamos, hagan lo que hagan los volcanes, **está estrictamente encuadrado**, sin desbordamiento posible.

El $CO_2$, por su densidad (es un 52% más pesado que el aire) permanece principalmente en la proximidad del suelo y sobre todo de los océanos. Si la presión del $CO_2$ atmosférico aumenta, los océanos lo absorben, en parte por medio del fitoplancton que le retransforma en oxígeno, y en parte bajo la forma de ácido carbónico.

Si el porcentaje de ácido carbónico del océano aumenta demasiado, el ácido disuelve las rocas y forma bicarbonato de calcio, soluble en agua.

Inversamente, por ejemplo, si un día gracias a cantidades suficientes de hidróxido de litio, eliminados todo el $CO_2$ del aire, los océanos entrarían de inmediato en efervescencia para restituirle, y el bicarbonato de calcio restituiría el ácido carbónico para compensar el déficit de $CO_2$ del océano.

Hace medio siglo, el profesor Albert Bruylants (Universidad de Lovaina, Bélgica), describió muy bien el mecanismo que interviene aquí: «*Las aguas que cubren el globo terrestre desempeñan el papel de regulador de la proporción de anhídrido carbónico en el aire. Si la proporción del anhídrido carbónico en el aire aumenta, su solubilidad aumenta también; el anhídrido carbónico disuelto en el agua del mar ataca a las rocas calcáreas y las transforma en bicarbonato soluble:*

$$CO_2 + H_2O + CaCO_3 \rightarrow Ca(HCO_3)_2$$

*Si la presión en anhídrido carbónico disminuye, el bicarbonato de calcio soluble se descompone para formar anhídrido carbónico que se escapa a la atmósfera, y carbonato de calcio insoluble:*

$$Ca(HCO_3)_2 \rightarrow CaCO_3 + H_2O + CO_2$$

*Estas reacciones reversibles **regularizan** la proporción de anhídrido carbónico en el aire*».

Este fenómeno de **regularización automática**, bien conocido, y del que nadie habla, impide que, **se haga lo que se haga** (incluso si eso no nos conviene), el porcentaje de $CO_2$ se «descompense»... De ahí la inutilidad, por ejemplo, de querer «almacenar» $CO_2$ bajo tierra: su disminución en el aire será

29

compensada automáticamente por una emisión de los mares, pero no indefinidamente.

Los problemas...

Según lo entendemos: ¿puede haber un nexo en común entre

- El calentamiento climático,
- La recrudescencia del vulcanismo,
- Los terremotos en alza,
- Los ríos que se desbordan,
- Los ciclones y tornados en aumento,
- El nivel del mar que sube
- El aumento de los cánceres de piel,
- Las cataratas oculares de los astronautas
- La baja fertilidad masculina,
- La mortalidad de las abejas y de las hormigas,
- La deformación del pico de los pájaros?

Contrariamente a lo que se nos hace creer, algunos de estos problemas no han comenzado recientemente, sino hace unos 300 años o más, y por tanto mucho antes de los coches, mucho antes incluso de que se descubriera el petróleo. Así:

~ El retroceso de los glaciares en el Himalaya había sido observado ya desde 1780.

Un glacier dans la baie de la Madeleine rongé par la mer.

Aujourd'hui, de même que les banquises sont devenues moins abondantes autour de cet archipel, les glaciers ont considérablement diminué. Tel le glacier Gully, dans la baie de la Madeleine, que cette photographie montre rongé par la mer. Plusieurs autres de ces nappes de glaces ont fondu sur des longueurs variant de 1 à 4 kilomètres. — *Photographies Bernard Lefebvre.*

## LE RECUL DE LA GLACIATION AU SPITZBERG

Le très remarquable recul des banquises qui s'est manifesté l'été dernier au nord comme à l'est du Spitzberg est dû à un réchauffement de la partie de l'océan Arctique voisine de cet archipel. A la suite de minutieuses observations poursuivies depuis neuf ans, le professeur norvégien Helland Hansen, le plus éminent océanographe du temps présent, a annoncé à l'Académie des sciences d'Oslo que, depuis 1928, les eaux tièdes du Gulf Stream arrivent en beaucoup plus grande quantité qu'auparavant au large de la côte ouest de la Norvège septentrionale et que cet afflux a déterminé une élévation notable de la température des eaux dans cette partie de l'océan Arctique. Ce phénomène thermique aurait produit non seulement la fusion des glaces dans l'extrême Nord, mais encore la température anormalement douce des derniers hivers en Norvège et particulièrement de celui en cours. Le recul de la banquise au nord du Spitzberg n'est point en contradiction avec l'abondance des glaces sur la côte orientale du Groenland observée l'été dernier. Le long de cette côte descend vers le sud un puissant courant marin qui est l'exutoire du bassin arctique. Ce bassin tendant à se vider, son canal de sortie devient plus actif et charrie, par suite, une plus grande quantité de matériaux. — Ch. R.

~ En un ejemplar de la revista semanal «*L'Illustration*» del 29 de diciembre de 1934, el célebre oceanógrafo Helland Hanssen (descrito en el artículo como «el mayor oceanógrafo del tiempo presente») ya advirtió un fenómeno de retroceso de los glaciares en las Spitzberg... desde **1928** (!) y que el buque La Fállete hacía ya cruceros a 81° norte.

~ El despertar de los volcanes: ¡el Sinabung (siglo XVII) y el Tembora (1815) en Sumatra, el Karakatoa (1883).

Otros fenómenos son más recientes: cánceres de piel (de 20 a 30 años), cataratas de los astronautas (25 a 30 años), infertilidad masculina (40 años), inundaciones en Europa (10 años), o muy recientes: mortandad de las abejas (2009), de las hormigas (2010), pájaros con los picos hendidos (2010).

Otros fenómenos antiguos que prosiguen con más intensidad y más frecuencia:

~ Vulcanismo: el Kilauea en Hawai que se despertó en 1984, en las Filipinas (1986 y 2010), el monte St. Helens en USA, los grandes terremotos (Argelia, Turquía, Japón, Haití, Chile, etc.), sin contar los maremotos asociados; se acaba de descubrir también que los lagos volcánicos del Eifel alemán liberan cada vez más helio, signo muy inquietante, sobre todo en esa región densamente poblada.

¿Y para cuando el turno de los volcanes de la Auvernia (Francia)?

Helo aquí, y no es una broma: hay en la Auvernia (como en el Eifel alemán) emanaciones más importantes que de costumbre, concretamente en el lago Pavin, donde se teme el mismo fenómeno mortífero que en África (Lago Nyos, Camerún), es decir, que se escape una enorme bolsa de gas y que asfixie a humanos y animales en toda la región pues es más pesado que el aire.

La falla situada entre el lago Aydat y Rouillas-Bas (a una veintena de kilómetros de Clermont-Ferrand) parece suscitar aún más inquietud. En otros lugares, ha habido movimientos de tierra: el lago Lacassière se ha vaciado de golpe (es el mismo género de señal de peligro que el mar que se retira antes de un tsunami). En la región del lago Chambon, se aprecian temblores sísmicos más frecuentes que antes.

En Hawai, un volcán inactivo desde hace más de un siglo, acaba de entrar en erupción. Y después de eso vino el famoso volcán de Islandia con su funesta nube de cenizas.

~ El retroceso de los glaciares, comenzado en el siglo XVIII y que cada vez es más visible desde los años setenta.

~La fusión de la banquisa ártica (hielo flotante marino), desde 1910.

Por increíble que parezca, todos estos aconteceres, antiguos o recientes, tienen una única causa, cuyos efectos van a acrecentarse y a multiplicarse de manera dramática en los decenios y siglos próximos...

## El inquietante fenómeno...

En la explicación preliminar que va a seguir, hay que recordar primero la diferencia entre «rayos solares» y «viento solar».

Los rayos solares son ondas electromagnéticas (fotones), sin masa; pase lo que pase al nivel del sol, esta radiación es constante ($3,83 \times 10^{26}$ W).

Sin embargo, el viento solar está compuesto de partículas (electrones, núcleos de hidrógeno y helio), eyectados por el sol, a altísima energía.

Todo el mundo sabe que, cuando nos elevamos en la atmósfera, la temperatura baja: 6 grados de media cada 1000 metros; así, cuando hay 30° en Bédoin, en la base del monte Ventoux, uno encuentra solo 15° en su cima, a 1909 metros.

Lógicamente, cuando más se sube, más frío hace, hasta – 90° a 80 km de altura.

Después, la temperatura aumenta, y de manera completamente desmesurada, puesto que entre 200 y 1000 kilómetros de altura, se pueden encontrar hasta 1700°.

Es la «termosfera», cuya existencia parece haber olvidado todo el mundo; de hecho, estamos rodeados de un gigantesco radiador ardiente, cuyas fluctuaciones de temperatura nos afectan profundamente, sin que lo sepamos...

La termosfera tiene una temperatura muy variable, pero también una altura variable, según sea de día o de noche, y también en el curso de los años. La diferencia noche-día revela que el Sol está ahí por algo. Efectivamente...

La alta atmósfera está esencialmente compuesta de hidrógeno, cada vez menos denso con la altura y por lo tanto bastante difícil de calentar solo por radiación; recordemos que, incluso a nuestro nivel, los rayos solares calientan el mar, el suelo y los objetos, que, a su vez, recalientan el aire (y no a la inversa). Como la potente radiación solar es constante ($3,83 \times 10^{26}$ W), eso no explica las variaciones en la termosfera en el curso de los años.

De hecho, el Sol nos envía «algo» más que rayos: miríadas de partículas de alta energía, es decir, el «viendo solar», compuesto principalmente de núcleos de hidrógeno, de helio y de electrones, como reveló en 1995 la sonda laboratorio Soho.

Al no tener masa los fotones de luz, no es la *luz* solar la que desvía las colas de los cometas, sino más bien las *partículas* del viento solar. Esto no es muy difícil con las frágiles colas de los cometas, pero el viento solar tiene una *fuerza tal* que ha barrido completamente la atmósfera de Mercurio y ha privado a Marte de la mayor parte de la suya.

Este viento se hace sentir incluso más allá del sistema solar, hasta lo que se llama la heliopausa, según ha confirmado la sonda Voyager.

Desde Neptuno, el sol, a 4,5 mil millones de kilómetros, parece la cabeza de un alfiler y es incapaz de calentar nada; pero, ahí también, es el viento solar el que recalienta la mezcla de metano, hidrógeno y helio que constituye la espesa atmósfera de Neptuno, comprimiéndola como una bomba de bicicleta.

Tenemos también el triste ejemplo de Venus, planeta comparable a la Tierra (en dimensiones y densidad), pero situado un 30 % más cerca del sol: el impacto del viento solar es tal allí que la atmósfera de cara al Sol es aplastada con una presión de 90:1 y, por lo tanto, hay una temperatura de 470°, es decir, más que en Mercurio que está a mitad de camino más cerca del Sol que Venus, pero que ya no tiene atmósfera que sufra el viento solar. Este aplastamiento de la atmósfera de Venus provoca violentos vientos rápidos alrededor de todo el planeta, lo que hace que incluso la cara opuesta al Sol esté a una temperatura elevada.

¿Y la Tierra? La Tierra, contrariamente a Venus y Marte, está en parte protegida por su magnetismo (200 veces el de Venus) y los cinturones de Van Allen, que desvían o atrapan las partículas tales como los núcleos y electrones.

Pero no tienen efecto sobre las partículas neutras. Ahora bien, después de eyección del Sol, desde los primeros millones de kilómetros recorridos, muchos núcleos no tienen más que una idea: recuperar rápidamente sus electrones, sobre todo el helio que tiene prisa por recobrar su legendaria estabilidad; y es lo mismo para el hidrógeno en una medida menor.

Estas partículas, redevenidas eléctricamente neutras, *no son desviadas* y golpean de lleno la alta atmósfera, a velocidades de hasta 800 kilómetros por segundo (2.800.000 km/h), y por decenas de miles de millones por segundo / cm². Y toda esta energía cinética se encuentra convertida en calor instantáneamente, de donde la existencia de la *termosfera*.

Se comprende fácilmente que cuanto más intenso es el viento solar, más caliente es la termosfera y más se comprime y se acerca a nuestras cabezas.

Además, otro fenómeno, que la humanidad no ha conocido desde hace 780.000 años, hizo su aparición hace unos 300 años, coincidiendo con el comienzo de la lista de los fenómenos citados más atrás.

Paradójicamente, es Marte quien nos ha dado la explicación de lo que pasa en la Tierra.

Las sondas de la NASA nos han permitido saber que Marte perdió la totalidad de su magnetismo, aunque era 30 veces más elevado que el de la Tierra, hace cuatro mil millones de años.

Las rocas, entradas en fusión debido al impacto de los meteoritos, conservan, al enfriarse, el sentido y la intensidad del campo magnético del momento, registrado en las partículas de magnetita de esas rocas.

En Marte se ha constatado, en las rocas de más de cuatro mil millones de años, un magnetismo muy fuerte, pero curiosamente orientado en todos los sentidos.

En los cráteres de menos de cuatro mil millones de años, no hay ya magnetismo alguno: por lo tanto, Marte ya había perdido todo su campo magnético.

El resultado fue catastrófico: debido a la ausencia del escudo magnético, el viento solar pudo golpear a Marte plenamente. En pocos millones de años, tanto la atmósfera como el agua líquida de Marte fueron pura y simplemente expulsados al espacio, y el fenómeno aún prosigue actualmente con lo que queda de atmósfera. Además es completamente ilusorio soñar con «reconstituir» una atmósfera más densa en Marte, sin la protección de un magnetismo desaparecido para siempre...

¿Pero, de dónde viene el magnetismo de los planetas y por qué desaparece? Los profesores de la universidad de Maryland han hecho experiencias y simulaciones sobre una reconstitución (gracias al sodio líquido) del centro líquido (hierro y níquel) de los planetas, que envuelven un núcleo de hierro sólido.

Debido a la diferencia de fluidez, el núcleo y su envoltura en fusión no giran a la misma velocidad, lo que engendra tales fricciones que se crea un campo eléctrico. Y el hierro en movimiento en un campo eléctrico crea el campo magnético. Una teoría paralela pensaba que el movimiento del hierro líquido del núcleo, en un débil campo magnético (debido a las rocas sólidas) engendraba en su seno una corriente eléctrica, que generaba a su vez un campo electromagnético que reforzaba el campo primitivo.

En un planeta como Marte, más pequeño y alejado del Sol que la Tierra, el núcleo se enfrió y solidificó hace cuatro mil millones de años, aniquilando el campo magnético protector.

En la Tierra, gracias a una masa más importante, su núcleo se enfría unos 25° cada mil millones de años, lo que conservará su magnetismo hasta el momento en que la Tierra sea absorbida por el Sol, ya devenido gigante rojo, dentro de cinco mil millones de años.

De hecho, la fuente de todos nuestros problemas no reside en la pérdida definitiva del campo magnético de la tierra, sino en una pérdida temporal, un «paso por 0», que puede durar de mil a tres mil años...

El profesor John Shaw, de la universidad de Liverpool, al examinar cerámicas de hace algunos siglos, observó que el campo magnético cuyo recuerdo habían conservado al enfriarse después de la cocción, es preocupante: la fuerza del magnetismo ha disminuido un 10 % en estos 300 últimos años, y eso sigue acentuándose; a este ritmo, estaremos a 0 % en menos de 300 años.

El profesor Mike Fuller, de la universidad de Hawai, ha dado la explicación de esto, al analizar las capas de lava del volcán Kilauea, algunas de las cuales tienen cinco millones de años.

Constató que, cada 200.000 años (es decir, 20.000 veces desde el comienzo de la tierra), el magnetismo de las rocas se invertía, es decir, que cada 200.000 años, la brújula, en lugar de apuntar hacia el norte, apunta hacia el sur, y 200.000 años después, la brújula apunta de nuevo hacia el norte.

Puesto que la última inversión de los polos data de hace 780.000 años, hemos acumulado un retraso considerable, y una nueva inversión era inevitable.

El problema es que ningún humano moderno ha afrontado nunca este fenómeno...

La inversión periódica del sentido del magnetismo terrestre (con un inevitable paso por cero) fue reproducida en 1990 en una simulación informática por el profesor Gary Glatzmaier de la universidad de Santa Cruz de California, en un súper ordenador de la NASA durante... 4 años. Descubrió que, periódicamente, la circulación del hierro en fusión bajo nuestros pies cambia de dirección, como el flujo y reflujo de una ola, implicando con ello la inevitable inversión del magnetismo.

El profesor Jeremy Bloxham de Harvard, al estudiar las variaciones del norte magnético desde 1770, ha constatado que vastas zonas del Atlántico Sur **están ya invertidas**: «la anomalía del

Atlántico Sur, o SAA (South Atlantic Anomaly), está disminuyendo así el magnetismo global del planeta.

Pero hay un aspecto más preocupante aún...

El profesor Rob Coe, de la universidad de Santa Cruz, ha estudiado las inversiones magnéticas registradas en 914 metros de altura de las coladas de lava en las Sting Mountings (Oregon) precisamente en un periodo de inversión.

Ha constatado una completa inestabilidad del sentido de la fuerza del campo magnético: durante 300 años el campo magnético oscilaba entre un sentido u otro, con periodos de campo nulo (o reducido al 1 % o con una variación de 60° en diez días, o con una inversión total en el espacio de una sola colada de lava y su enfriamiento.

Había de 4 a 8 polos que se desplazaban sobre la superficie de la Tierra, concentrando el peligroso viento solar como lupas (sobre regiones actualmente muy habitadas).

Después, el campo magnético se situaba en su lugar durante un corto periodo de tiempo, y después vuelta a empezar en un nuevo periodo de inestabilidad de 3000 años, oscilando entorno a 0, antes de decidirse por la inversión total:

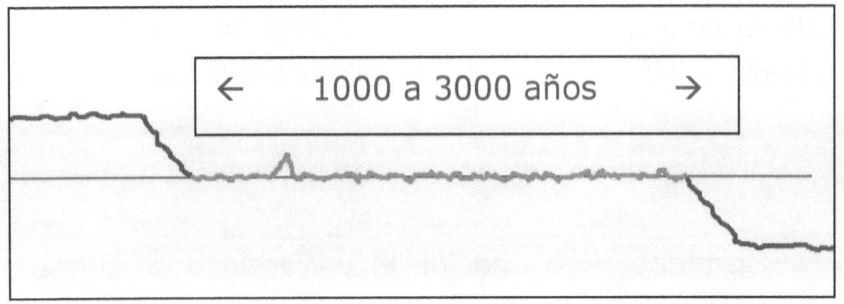

El profesor Jochen Zschau del Helmholtz-Centre de Postdam, en Alemania, más optimista, habla de «solamente» 1000 años de magnetismo cero...

Hemos visto lo que pasó con la atmósfera de Marte, ahora bien, la Tierra está más cerca del Sol que Marte, y la fuerza del viento solar, que ya nada detendrá, va a ser tal que se ha calculado que **¡un tercio de nuestra atmósfera va a ser expulsado al espacio!**

Y nosotros no podremos hacer nada, salvo prepararnos para lo peor durante el poco tiempo que nos queda... y aprovecharle al máximo.

## Las consecuencias a corto plazo.

~ Hemos visto que la corriente de hierro en fusión bajo nuestros pies se comporta un poco como los mares, con una suerte de flujo y reflujo «aparentes»; para ser más preciso, diremos que el magma líquido del centro de la Tierra **no gira a la misma velocidad** que el núcleo (duro) mismo: para hacerse una idea, haga girar sobre sí misma una taza de café, y verá que el líquido no gira a la misma velocidad que la taza.

Las velocidades relativas de los elementos del centro de la taza varían: ora más rápidas, ora más lentas una en relación a otra. Es lo que pasa también en el Sol; cada 11 años, la velocidad de rotación del centro del Sol se invierte en relación a la periferia, y el campo magnético del Sol se invierte también.

Este cambio de velocidad se acompaña de una *sobrepresión* (como cuando una masa de gente en marcha se detiene o cambia de dirección), y de ahí, como consecuencia, las espectaculares erupciones solares. Es posible que estos cambios de marcha se deban a las atracciones de los astros entre sí, ya sea por oposición o ya sea en correlación con el flujo del núcleo.

Como ocurre con el Sol, donde esta sobrepresión provoca erupciones solares, en la Tierra esa sobrepresión acentúa el vulcanismo y los terremotos, como viene ocurriendo desde hace 400 años (ver ejemplo más atrás).

Así pues, las erupciones volcánicas, los terremotos y los tsunamis... van a multiplicarse, comprendidas las regiones donde están dormidos desde hace milenios, como el Eifel alemán y la Auvernia francesa. Inevitablemente, habrá que desplazar a las poblaciones ahí también, lo cual, si no es demasiado difícil en la Auvernia, será un rompecabezas en el Eifel, muy poblado.

~ El viento solar será menos desviado. Lo que era antaño devuelto al espacio al nivel de los polos, caerá sobre ellos de manera creciente. Lo que era desviado hacia los polos, golpeará de lleno a la Tierra, cada vez más:

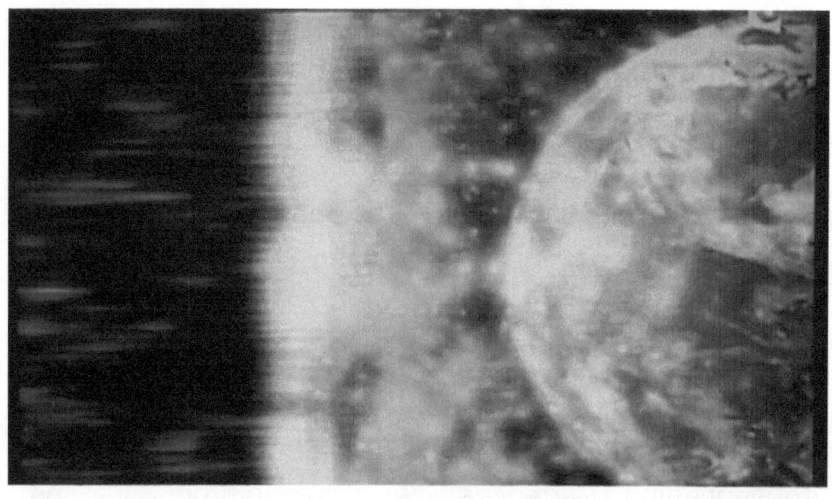

~ El impacto en los polos.

Hay actualmente *dos* agujeros en la capa de ozono: uno sobre cada uno de los polos, con el más grande sobre el polo sur.

Este ozono es producido por la acción de los rayos UVA sobre el oxígeno de altura: $3O_2 \rightarrow 2O_3$, pero es muy inestable y vuelve al estado de oxígeno a la primera ocasión liberando 34.000 calorías por molécula. Desde entonces es muy reactivo comprendido en eso el vapor de agua, pero este vapor de agua está ausente a 50 kilómetros de altura, y uno se pregunta lo que puede destruir así el ozono, además del hidrógeno y el sodio, situados mucho más arriba.

Así pues, se ha pensado en una sustancia muy interesante: el cloro ($Cl_2$), que actúa como un catalizador: $6Cl_2 + 2O_3 \rightarrow 6Cl_2O$ ; pero el $Cl_2O$ es muy inestable y, bajo la acción de los rayos UVA, puede retransformarse: $6Cl_2O \rightarrow 3O_2 + 6Cl2$ ; y así, el cloro, libre de nuevo, puede recomenzar su trabajo de destrucción del ozono.

¡Eureka! ... se dijeron algunos, y ya solo quedaba encontrar al culpable emisor del cloro; se pensó entonces en los cloro fluoruros carbonos (CFC), del tipo metano ($CL_2F_2C$) o etano ($CL_2F_2C_2$), emitidos a la atmósfera por los aerosoles y las fugas de los frigoríficos de freón. Ya no quedaba más que emitir decretos de prohibición (1995)...

Años después, se observó que los agujeros no se cerraban, sino al revés, crecían. Pero nadie se ha hecho ciertas *preguntas bastante perturbadoras*.

Por ejemplo, el $CL_2F_2C$ tiene una densidad de 4,2 y el $CL_2F_2C_2$ de 4,7. ¿Cómo moléculas de 4 a 5 veces más pesadas que el aire, pueden subir a 50 kilómetros de altura? ¡Eso es como esperar que la arena del fondo de los océanos suba a flotar por toneladas a la superficie del agua!

Se supuso entonces que la acción de los rayos UVA es la que fragmentaría esas gruesas moléculas. Esto es olvidar que en el hemisferio norte, principal productor de CFC, el efecto de los rayos UVA es a tal punto irrisorio que, durante diez meses de doce al año, nosotros merecemos bien nuestro apelativo de «rostros pálidos».

Pero admitamos que, no se sabe por cuál milagro, el cloro llegará a liberarse; el cloro tiene una densidad de 2,467 y es completamente incapaz de ascender por el aire; recordemos que el cloro fue utilizado como gas de combate en la primera guerra mundial (1914 – 1918), pues es justamente su gran densidad la que le permitía arrastrarse a ras del suelo, descender a las trincheras y los subterráneos, y desencadenar los estragos sabidos.

Incluso el cloro monoatómico es aún un 20 % más pesado que el aire, y, de todos modos, solo a partir de 300 kilómetros de altura, se encuentran las moléculas monoatómicas: a 50 kilómetros son biatómicas, o incluso triatómicas como el ozono.

En fin, no se ve que un cuerpo *tan reactivo* como el cloro pueda atravesar una capa de 50 kilómetros sin *la menor interacción*, aunque solo sea con el vapor de agua para originar las «lluvias ácidas» (¿ya olvidadas?).

Por lo tanto, se podría sospechar que el responsable no era verdaderamente el que se pensaba...

Otra cosa rara: puesto que los CFC eran utilizados principalmente en Europa y América del Norte, lógicamente debería esperarse que el famoso agujero de ozono se situara encima de estas regiones. Pero no, un agujero está en el Polo norte, y otro agujero más importante todavía se encuentra en la Antártida.

¿Se puede imaginar objetivamente a una molécula de CFC recorriendo, sin degradarse, 18.000 kilómetros de Europa a la Antártida (¿bajo el efecto de qué fuerza?), y una vez allí, elevarse 50 kilómetros a pesar de su peso (¿por el efecto tal vez de una corriente cálida?)?

¿Y por qué el agujero *es más grande* en el sur que en el norte? Manifiestamente, aquí también las explicaciones «CFC» no estaban a la altura, todo hay que decirlo.

Como usted sospecha ya seguramente, la verdadera explicación está del lado del viento solar...

Ya hemos visto que el viento solar está compuesto de partículas *ionizadas*. Estos iones *están* orientados hacia los polos: los iones negativos (electrones) hacia el norte, y los iones positivos (núcleos de helio y de hidrógeno) hacia el sur.

Como llegan reagrupados en cantidad innumerable a los restringidos espacios polares, *el ozono, inestable, permanece tal cual*... He aquí por qué los agujeros se encuentran en los polos.

¿Pero por qué el agujero es más grande en el sur que en el norte? Simplemente, al ser los electrones más ligeros, cuando llegan al norte, causan evidentemente menos estragos que los núcleos más pesados de helio e hidrógeno, cuando llegan al sur. Eso descarta también definitivamente la hipótesis de los «CFC», incapaz de explicar esta diferencia entre los agujeros del norte y del sur.

¿Por qué hay agujeros? Usted tiene ahora la respuesta: debido al descenso del magnetismo terrestre, las partículas ionizadas del viento solar son menos desviadas hacia el espacio y ahora llegan a la tierra, sobre todo en los polos, en cantidades cada vez más importantes.

En un porvenir cercano, cuando el magnetismo terrestre, antes de invertirse, pase largamente por cero, exponiéndonos de lleno a un viento solar de cuya intensidad el género humano jamás ha tenido experiencia, la capa de ozono simplemente dejará de existir...

Ella reaparecerá progresivamente cuando el nuevo campo magnético se haya instalado completamente, mil años después (!), y desviará la mayor parte del viento solar, como antes.

~ El impacto en la termosfera.

La termosfera se extiende de 150 a 1000 kilómetros de altura, es decir, un 85 % de la altura de la atmósfera. A mil kilómetros, hay 1750°. Así pues, estamos envueltos por un radiador gigantesco, cada vez más ardiente.

Debido a la disminución del magnetismo, el viento solar va a sacudir más a la termosfera, que va a recalentarse e incluso a acercarse al suelo bajo el empuje de ese viento solar.

La radiación infrarroja de la termosfera va a calentar las tierras y sobre todo los océanos que, a su vez, van a calentar el aire. (En este proceso, el famoso $CO_2$, evidentemente, no desempeña ningún papel).

Contrariamente a lo que se cree, no es el aire el que calienta las tierras y los océanos. Para convencerse de ello, basta con hacer la experiencia de la bañera...

En una sala de baño glacial, llene la bañera de agua bien caliente. Esa agua va a acabar por calentar el aire. Inversamente, en una sala de baño bien caliente, llene la bañera de agua gélida. El aire caliente no llegará nunca a calentar el agua fría...

He aquí pues un célebre mito que cae: que los gases de escape de nuestros coches calientan los mares...

¡Auxilio, las banquisas polares se están fundiendo! Resultado: el nivel de los mares subirá varios metros, inundando numeroso países y borrando del mapa muchas islas. Generalmente, esto es lo que se oye decir.

Pero haga la experiencia siguiente. Coloque unos cubitos de hielo en un vaso y llene el vaso de agua hasta el borde. El hielo flota en la superficie sobrepasando el nivel del agua del vaso.

Las apuestas están abiertas: ¿qué va a ocurrir con el nivel del agua cuando se funda el hielo? Deje que el hielo se funda observando lo que ocurre.

¡Cuán extraño, el hielo se funde, pero el nivel del agua en el vaso permanece exactamente idéntico durante todo el experimento...!

Pero así es. Cuando el hielo se funde, se transforma en agua, y esa agua ocupa el mismo volumen que el que había desplazado el hielo al comienzo: es el famoso principio de Arquímedes.

Así pues, la fusión de las banquisas polares no va a hacer subir el nivel de los mares.

Pero los hielos continentales (Groenlandia y la meseta Antártica), me dirá usted, que no flotan sobre el agua, al fundirse, podrían causar estragos, ¿no es así? Sí, pero en Groenlandia hay -40° y en la Antártida -60°, y eso 50 semanas de 52 al año: ¿cómo podría fundirse el hielo a temperaturas tan bajas?

¿Pero por qué entonces, con un aire tan glacial, desaparecen los hielos árticos?

Simplemente porque el *agua* de los océanos sobre la cual flotan esos hielos es calentada por las corrientes marinas subtropicales, cada vez más calientes, que suben hacia el polo, fenómeno ya descrito en el artículo de 1934.

Es este mismo calentamiento de los mares árticos el que provoca el «verdor» espectacular de las costas de Groenlandia en nuestros días.

Como ya se ha dicho (pero no está demás repetirlo), y hemos constatado en la experiencia de la sala de baño, no es el aire el que calienta las aguas (sobre todo el aire glacial a -40°...): es el agua la que calienta el aire, como sucede con la Gulf

Stream (Corriente del Golfo). No son las palmeras de Nantes las que provocan un calentamiento del Atlántico, es el calor del Atlántico el que permite que haya palmeras en Nantes.

Ahora bien, los océanos solo pueden calentarse por una única causa: los rayos infrarrojos provenientes del sol y de la termosfera bombardeada por un viento solar de fuerza creciente, y no por nuestros gases de escape ni por un hipotético efecto del $CO_2$, las actividades humanas no tienen ninguna posibilidad de acción sobre el calentamiento de los océanos.

Pero, me dirá usted, se ha constatado que el nivel de los océanos sube. Ello se debe simplemente a su **dilatación** bajo el efecto del calentamiento oceánico por esos rayos infrarrojos, no a la fusión de los glaciares oceánicos (principio de Arquímedes) ni de los glaciares continentales polares (cuya temperatura es mucho más baja), ni de la composición del aire, y por lo tanto no a causa de las actividades humanas...

**Se impone no tomar más el efecto por la causa.** Investigadores del CNRS (los señores Nicolas Caillon, Jean Gouzel y Jean-Marc Bartola) así como Jeffrey Severighaus (San Diego) y Jiancheng Kang (Shangai), al estudiar las muestras de hielo de

Groenlandia, en un período de 240.000 años, han descubierto (según el contenido en argón) que la temperatura se eleva **primero** y que la tasa de $CO_2$ aumenta **después**, y no a la inversa.

¿Por qué es ello así? Porque los mares, al devenir más calientes, sobre todo al sur, **desprenden** su $CO_2$, lo mismo que cuando se calienta una botella de gaseosa.

«Esto confirma que el $CO_2$ no es el impelente que lleva al sistema climático durante una deglaciación. Más bien, la deglaciación es iniciada probablemente por algún impelente de insolación que, primero, suscita el cambio de temperatura en la Antártida y posiblemente en parte del hemisferio sur, y después el $CO_2$».

Esta «subida» del $CO_2$ a la superficie de las aguas, explica la acidificación de las costas de Florida (¡ya bien calientes!) y los estragos en crustáceos y corales debidos a estas «subidas ácidas»...

En nuestras regiones de la Europa del oeste, contrariamente a lo que se ha dicho, no sufriremos demasiado calor, salvo al comienzo. En efecto, la fusión de los hielos del Polo Norte va a aportar tanta agua dulce que eso va a constituir una barrera a la corriente del Golfo, la cual desaparecerá y dejará de calentarnos. Por su parte, la corriente del Labrador va a dejar de enfriar también a Canadá.

La subida de los océanos, debida a la temperatura y a la dilatación del agua, pondrá en peligro muchas ciudades y algunas islas.

Pero, de hecho, lo peor no se producirá en el mar, sino en la tierra. A causa del calor, habrá tal evaporación de los océanos (lo cual mermará un poco su subida) que las tempestades, los ciclones y las tormentas se sucederán sobre Europa (a causa del sentido de la rotación terrestre).

Todos los ríos y riachuelos estarán en crecida permanente. Dresde parecerá Viena. Solo se podrá habitar en los bloques de pisos; Avignon será como en el siglo XVII, «una isla en medio del mar», lo mismo que el monte Saint Michel, que solo será accesible por barco; el río Loire recuperará su lecho histórico; las estériles polémicas actuales sobre el estatuto del parque de la Camarga dejarán de tener sentido, al desaparecer la Camarga bajo el futuro delta del río Rodano, desde Beaucaire al mar.

La barra de pan y los croissants devendrán productos de lujo, puesto que habrá tal humedad que el cultivo del trigo tendrá que ceder su sitio a otros que soporten mejor las lluvias constantes; habrá que conformarse con patatas y arroz...

El golfo de León, protegido por los Pirineos y disfrutando aún del mistral y la tramontana (reforzados), saldrá del apuro, pero al precio de una cierta sequía, lo que no impedirá que la Canebriere y el Ayuntamiento de Marsella tengan sus cimientos en el agua.

En el resto del mundo, habrá también grandes cambios: el norte del Sahara reverdecerá, así como el sur del Kalahari; por el contrario, es la zona ecuatoriana la que corre el riesgo de devenir un desierto...

Un enorme peligro lo constituye la monstruosa alfombra del fondo de los océanos: el hidrato de metano: si a causa del calentamiento del agua, este hidrato libera el metano en cantidades colosales, ahí tendremos un efecto invernadero extremo, felizmente temperado en nuestras regiones por una cobertura nubosa permanente y chubascos incesantes.

Pero habrá devenido ilusorio circular en barco por océanos transformados en espuma de metano incapaz de sostener su peso: le dejo imaginar también la suerte de los aviones con reactores ardientes, al atravesar una bolsa de metano...

Al estar destinada nuestra atmósfera a ser propulsada en parte al espacio, la vida en altura ya no será posible: poblaciones enteras tendrán que migrar; los deportes de invierno no serán ya más que un lejano recuerdo...

Habrá que preparar los desplazamientos de poblaciones que vivan demasiado cerca de los mares y los ríos, o demasiado alto en las montañas...

También habrá que revisar numerosas infraestructuras sumergibles, sobre todo las carreteras...

~ El impacto de los rayos cósmicos.

Éste es el VERDADERO problema:

Actualmente, debido a la caída, aún poco acentuada, del magnetismo, los rayos cósmicos no llegan al suelo en cantidades suficientes como para poner en peligro las existencias humanas.

Sin embargo, son ya suficientemente nocivos como para provocar melanomas y cánceres que van en aumento. Por lo tanto, habrá que prever estructuras proporcionales.

Por el contrario, en altura, hay dos verdaderos problemas:

El primero concierne a los satélites, que tienden a sufrir cada vez más averías. Así, el telescopio Hubble es desactivado parcialmente cada vez que pasa cerca de la Anomalía del Atlántico Sur (AAS), por precaución.

El segundo concierne a los hombres. Los astronautas Amstrong y Aldrin, en 1969, a su retorno en el Apolo XI, se sorprendieron de ver pequeños destellos luminosos en la cabina, incluso cerrando los ojos. Eran rayos cósmicos que atacaban a su retina...

Debieron ser operados de cataratas, lo mismo que otros 37 (i) astronautas.

Según el Profesor Zschau, los viajes en avión, a 12.000 metros de altura, presentan riesgos ciertos, a pesar de la cabina metálica (lo mismo que la cabina de los cosmonautas no les protegió).

Yo mismo he sido testigo estupefacto de ello en mi último viaje a New York. El viaje de ida se hizo en pleno día: salida de París a las 10 h., llegada a las 13 h.30 (hora local). Poco a poco, sentí como una pesadez que invadía lo alto de mi cabeza.

A la vuelta, con una salida a las 19 h. y una llegada a las 8 h., el trayecto fue de noche, y no sentí el mismo fenómeno puesto que el viento solar daba en el otro lado de la Tierra...

Pero hay algo más inquietante.

Esos rayos cósmicos penetran en el corazón de las células, dañando incluso el ADN. Esto es lo que explica por qué, apenas en dos generaciones, la fertilidad masculina ha disminuido a la mitad.

También se asiste actualmente a un fenómeno de sobremortalidad en las abejas. Los virus y los parásitos no son más peligrosos que antes, y esta mortalidad se produce incluso en pleno Sahara donde esos elementos son inexistentes. Ahí también, el efecto de los rayos cósmicos, cada vez más peligrosos, es sin duda el responsable.

Es también la explicación, desde 2010, de la increíble mortalidad en las hormigas. A su vez, las mariposas, también han visto mermar su población acusadamente.

Hay también esos pájaros «mutantes», cuyo pico presenta una doble curvatura invertida, lo que les obstaculiza mucho alimentarse. No se ha encontrado en ellos ni virus ni parásito, ni pesticida alguno. De hecho, son también los rayos cósmicos del viento solar los que han dañado su ADN.

## Las consecuencias a largo plazo.

Si quiere dormir esta noche, haría bien en saltarse este capítulo...

~ Habiendo sido expulsada al espacio la capa de ozono junto con un tercio de nuestra atmósfera, ya nada nos protegerá de los rayos UVA ni de los melanomas, de donde la multiplicación dramática de los cánceres de piel, a no ser que se viva solo de noche.

~ La termosfera, devenida a la vez un tercio más próxima y extremadamente caliente, va a calentar aún más los suelos, pero sobre todo los mares, provocando un alza espectacular de las temperaturas. La banquisa ártica desaparecerá, lo que reducirá el albedo de la Tierra, es decir, su aptitud para reenviar el calor al espacio gracias a la reflexión de los hielos.

~ La evaporación creciente de los mares provocará sucesiones continuas de severos ciclones, con su cortejo de inundaciones permanentes dado que todos los ríos recuperarán su lecho histórico, incluso prehistórico. Las poblaciones tendrán que desplazarse forzosamente...

~ Los cultivos, en todo el mundo, tendrán que adaptarse, bien a un exceso de lluvia (Europa) o bien a un exceso de sequía. Así, estaremos obligados a revisar nuestros hábitos alimenticios volviéndonos hacia los recursos que soporten la humedad o la sequía, según los casos.

~ La vida en la Tierra son también los volcanes. Los volcanes son los únicos productores reales de $CO_2$, indispensable para el crecimiento de los vegetales, fuente de nuestra alimentación. Si cesa su actividad, se detiene su enorme aporte de $CO_2$, ciertamente, los océanos van a evacuar gases para cubrir el déficit: el bicarbonato de calcio se descompondrá para dar al océano y al fitoplancton el $CO_2$ que reclaman, pero eso no es inagotable... Después de algunos siglos de este proceso, el bicarbonato se habrá agotado, ¿y cómo alimentar entonces a siete mil millones de habitantes? Además, la actividad de los volcanes, actualmente en aumento, corre riesgo de reducirse dramáticamente, privándonos de una buena parte del $CO_2$ necesario para la vida.

Lo mismo que entre la marea alta y la marea baja hay un periodo de reposo, así pasará la misma cosa durante los mil o tres mil años de magnetismo cero: la sobrepresión del núcleo terrestre será anulada, el vulcanismo mermará o incluso cesará, lo que nos privará del preciado $CO_2$, gracias al cual vivimos: eso será el comienzo de la penuria alimenticia.

Cuando llegue ese momento, por más que quemamos todo el petróleo de la tierra (si queda), y desenterremos el $CO_2$ tan imprudentemente sustraído a la atmósfera, con el pequeño 0,9 % de incidencia de la actividad humana, eso no llegará nunca a compensar el déficit de los volcanes...

Quedará la única esperanza de que los mares emitan el $CO_2$ que hemos mencionado, pero debido a la inercia de este fenómeno, eso se producirá con un cierto retraso de varias decenas de años, y, como ya hemos dicho más atrás, no durará mucho.

No obstante, la cosa irá a mejor (si se puede decir así), más adelante, cuando la población humana se vea severamente reducida (ver más adelante).

~ Nuestra tecnología solo podrá sobrevivir algunas decenas de años. Las primeras destrucciones afectarán a los satélites, fulminados por el viento solar al que ya nada desviará:

Habrá que olvidar las comunicaciones que no sean por cables, volver a los cables submarinos, rápidamente saturados (¡si no lo están ya!). Habrá que olvidar la geolocalización GPS y las brújulas, y volver al sextante. Será también el fin de la televisión por satélite...

En cuanto a la costosa estación orbital, será mortal permanecer en ella mucho antes de quedar inutilizada, de modo que habrá que olvidarla también.

Después, le llegará el turno al suministro eléctrico diurno, con averías continuas como la que ocurrió en Canadá, incluso con interrupciones de 16 horas diarias...

El bombardeo en masa de partículas de altísima energía va a poner fuera de uso todo lo que contiene circuitos electrónicos basados en chips: ordenadores públicos (imagine el futuro follón administrativo), ordenadores de coches, ordenadores personales e internet, telefonía móvil, televisiones, lectores CDs, DVDs, MP3, cámaras fotográficas, programadores de lavadores y otros aparatos domésticos, alarmas públicas y privadas, despertadores, relojes, los nuevos contadores electrónicos con chip, radares policiales, fotocopiadoras, cajas de supermercado, etc. Habrá averías totales en la industria (concretamente, adiós a los robots).

Habrá que volver a los aparatos de emisión y recepción de radio y TV de válvulas en lugar de circuitos integrados, a los teléfonos de disco de antaño, a los relojes y despertadores de cuerda, a las máquinas de escribir mecánicas, a las calculadoras mecánicas del tipo Olivetti (si se encuentran), a las tablas trigonométricas de papel, a las tablas de logaritmos, a las cámaras de 8 mm, a las programadoras de botones, a los coches de carburador, al arranque descodificado, sin ABS, sin EPS, sin asistente de aparcamiento, sin limpiacristales automáticos, es decir, sin la menor electrónica (salvo si se viaja solo de noche). En correos, habrá que volver a las ventas manuales de sellos y a la cartilla de ahorro en papel, por no hablar del caos en el sistema sanitario, donde marcapasos de nueva generación, medidores de glucosa en sangre, tensiómetros digitales, máquinas analíticas de todo tipo, escáneres, equipos de rayos x, etc., quedarán totalmente inservibles, así como se perderán todos los historiales médicos...

Para ser breve, será necesaria una adaptación y una reconversión de la cual no tenemos ni idea. Los adeptos del no crecimiento no tendrán que retractarse, pues, en el fondo, no andan equivocados al prepararse desde ya a la manera en que tendremos que vivir en apenas unas decenas de años...

~ Eso supondrá la hecatombe en la naturaleza, sobre todo para los insectos que no vivan exclusivamente bajo tierra. En efecto, los rayos cósmicos tienen una energía tal que atravesarán a los insectos de cabo a rabo, destruyendo sus células y su ADN. Incluso los pájaros serán afectados (desde los buitres vueltos estériles, a los pájaros pequeños fulminados vivos desde 2011).

Las abejas y mariposas no estarán ya en situación de polinizar árboles frutales y cereales; la mano del hombre deberá suplirlas en esta tarea, lo que hará dispararse el precio de estos alimentos. Nos quedará el vino, y estaremos libres de avispas y mosquitos...

Las hormigas, cuyos hormigueros son demasiado superficiales para ponerlas al abrigo de las radiaciones mortales, ya no desempeñarán más su trabajo de sepultureros de la naturaleza. Felizmente, quedarán algunos insectos de caparazón grueso, que sobrevivirían incluso a una explosión nuclear.

Los cereales, frutas, verduras y legumbres devendrán de hecho OGM (organismos genéticamente modificados) involuntarios, sin que se pueda hacer nada, y habrá que contentarse con ello.

El ganado también será más o menos tocado, según la protección de su cuero (si lo tiene). A no ser que se encierre a los animales en refugios subterráneos, habrá que decir adiós al jamón, el filete será un artículo de lujo, y habrá que conformarse con leche y queso de ovinos (si no se les esquila demasiado).

Las aves de corral, de plumas demasiado pequeñas para protegerlas, deberán ser confinadas como en el peor momento de la gripe aviar.

Nuestras mascotas, cuyo afecto consuela a muchos humanos, deberán recibir una estricta protección, al menos las razas de pelo corto... Así, los animales de interior devendrán la regla. Ya en la actualidad, los casos de cáncer de orejas se multiplican, sobre todo en los gatos blancos.

— ¿Y los humanos?

Los humanos, siendo por naturaleza indisciplinados, pagados de sí mismos, y creyéndose todopoderosos y al abrigo de las catástrofes, van a pagar infaltablemente un tributo gigantesco: el 95

%, incluso el 99 % de la humanidad corre el riesgo de desaparecer.

Los humanos se obstinan en vivir en zonas inundables, en zonas de elevado riesgo sísmico, en las faldas de volcanes peligrosos, en corredores de avalanchas, etc. Eso me recuerda al viejo imbécil (no hay aquí otra palabra) que se obstinó en permanecer en su casa al pie del monte de Santa Helena a punto de estallar, creyéndose más fuerte que todo. Actualmente, su casa, él mismo y sus pobres gatos yacen bajo quince metros de materias volcánicas. Así, vulcanólogos reputados (los Kraft...) murieron por creerse invencibles y todo un séquito de periodistas con ellos. ¡Cuando una ciudad es destruida por un terremoto, se la reconstruye... en el mismo sitio!

Se sabe que el Vesubio va a explotar, pero cerca de un millón de personas se creen más fuertes que él y viven en su proximidad, olvidando la lección de Pompeya y la advertencia del año 1944. Estambul está destinada a la devastación total en su próximo terremoto, pero pocos la abandonan, a pesar de las ayudas e incitaciones de las autoridades.

Cuando alguien se acerca a un precipicio puede: o bien darse media vuelta, o bien vendarse los ojos. Habiéndosenos advertido que la nube radioactiva de

Chernobil había contaminado nuestras ensaladas y nuestra leche, habríamos podido tomar medidas para preservar nuestra salud, pero se ha preferido creer que la nube se detuvo en la frontera porque sus papeles no estaban en regla...

En todos los tiempos, igualmente, los hombres se han persuadido de que tenían la facultad de regir los elementos, lo que es ciertamente muy tranquilizador: cuando un tsunami amenaza una costa, si se nos dice que basta abrir todos los grifos de la casa para crear una contracorriente, nos persuadiremos de ello y correremos a abrir los grifos en lugar de correr hacia la colina más próxima.

¡En la marina antigua, cuando un navío era atrapado en una tempestad, la medida considerada como la panacea por los marinos, era azotar al grumete! Otros habían observado que ciertos niños en estado de estrés presentaban facultades paranormales, y habían deducido (un poco rápido) que el hecho de torturar a un niño, iba a engendrar tal estrés que iban a manifestarse aptitudes paranormales que alejarían la tempestad... Esta práctica bárbara duró mucho tiempo, hasta que finalmente se comprendió que el hombre no puede nada contra una tempestad y que era más eficaz plegar las velas, abandonarse a la deriva con un ancla flotante y cerrar todas las escotillas, en lugar de perder el tiempo azotando al pobre grumete que no podía hacer nada...

Hay que dejar de alimentar la ilusión de que nosotros tenemos el poder de regir los fenómenos planetarios como alterar el sentido de la corriente magmática bajo nuestros pies.

Pero nuestra psicología está hecha de tal manera que queremos convencernos de nuestro dominio absoluto sobre nuestro entorno; cuando llueve, ponemos «verde» al alcalde, cuando hiela, el culpable es el ministro; al proceder así, uno se persuade de que la próxima vez, el alcalde nos protegerá de la lluvia, y el ministro del hielo. Es por eso que estamos tan ciegamente aferrados a la tesis absurda del «$CO_2$», lo mismo que con la nube radioactiva de Chernobil: eso nos tranquilizaba.

Era consternador, en la Cumbre del Clima de Lima (COP20) y en el Acuerdo de París (COP21), ver a los representantes de las islas Tuamotu y las Maldivas, imaginarse que un impuesto sobre el carbono iba a impedir la dilatación natural de un mar que se calienta bajo el efecto del viento solar en aumento, y que la fusión de las banquisas polares estaba en el origen del fenómeno, a pesar del principio de Arquímedes, o que los casquetes glaciares continentales iban a fundirse al pasar de – 60° a – 58°...

Vea lo que ha pasado con los CFC: nos hemos esforzado en creer que bastaba prohibirlos para preservar la capa de ozono; los agujeros continúan creciendo, pero nosotros estamos persuadidos de *haber hecho lo necesario*, y estimamos que el problema está resuelto, cuando en realidad el origen del mal está en otra parte. Ilusión peligrosa pues haríamos mejor si estuviéramos trabajando en la elaboración de una crema que sea una verdadera pantalla total y a un precio asequible...

Tenemos ante nosotros un enorme desafío, pues vamos a **vivir un trastorno que la humanidad no ha conocido nunca y que ninguna medida administrativa podrá impedir.**

Nosotros apenas nos preparamos para ello imaginándonos cándidamente que un impuesto a los helados bastará para impedir que los glaciares se fundan, o que alguna decisión de la ONU tendrá el más mínimo efecto sobre la corriente de hierro en fusión bajo nuestros pies.

Nuestro primer problema será el del cáncer. No solo el de piel a causa de los rayos UVA liberados de la barrera del ozono. Como las partículas de alta energía van a penetrar profundamente en nuestro organismo, incluso en el interior de los edificios, eso va a provocar cánceres severos. ¿Y cómo tratar estos cánceres, con hospitales privados de todo material electrónico, comprendida la radioterapia, y con suministro eléctrico solo nocturno?

¿Y cómo fabricar medicamentos complejos, en industrias privadas de toda tecnología y reducidas a laboratorios de farmacia artesanales como en el siglo XIX?

El problema de las jubilaciones estará resuelto, pero no de la manera en que se pensaba, pues casi nadie llegará a los 60 años...

## La catástrofe terminal.

Hace 74.000 años, el súper volcán Toba, en Sumatra, explotó de manera cataclísmica, con el poder de 100.000 bombas atómicas.

800 Km$^3$ de cenizas fueron enviadas a 80 Km. de altura, afectando a 2,5 millones de Km$^2$, es decir, cinco veces la superficie de Francia. Por si fuera poco, ello fue acompañado de una emisión de dos mil millones de toneladas de SO2, que se transformaron en ácido sulfúrico al contacto con la humedad del aire.

De ello resultó un «invierno nuclear» de varios cientos de años, con una reducción del 90% de la luz solar, del 90% de las lluvias, y una bajada de temperatura de 17 grados.

La mortalidad infantil fue tal que impidió la renovación de las generaciones. La población humana pasó de un millón de personas a menos de 5.000, refugiados en el ecuador, en un rincón privilegiado de África del este.

Eso representa una aniquilación del 99,5% de la humanidad...

Es lo que los científicos llaman «la bocana de estrangulación genética»

Después, los pocos supervivientes, en el curso de milenios, retomaron poco a poco la repoblación de la Tierra. Todos nosotros somos sus descendientes milagrosos.

Si la raza humana pudo reponerse así, eso fue posible gracias al hecho de que los supervivientes estaban genéticamente sanos, y eran aptos para la reproducción. Pero sin eso...

**Pero nosotros no tendremos esta posibilidad...**

Puesto que las partículas de alta energía del viento solar, penetrarán profundamente en nuestros tejidos, comprendidas las zonas de las células reproductoras, sobre todo en los hombres, modificando o deteriorando así gravemente el ADN, eso provocará una esterilidad creciente. Muchos de los niños concebidos, a pesar de todo, nacerán muertos, poco viables, o también estériles. Como en el caso del súper volcán, la renovación de las generaciones ya no estará asegurada.

Si el cuadro no fuera lo bastante negro, aún hay más...

Se trata de los poderosos rayos gamma, provenientes de desintegraciones atómicas, de pulsares o de agujeros negros, del fondo del universo. Estos rayos son muy penetrantes y bien conocidos como provocadores de mutaciones genéticas. Como no provienen solo del sol, su nocividad es permanente.

Estos inquietantes visitantes del espacio, atraídos por la gravitación solar, eran finalmente desviados por su poderoso magnetismo y después por el de la Tierra.

Durante los 3.000 años en que la Tierra pasará por un periodo de magnetismo 0, no solo ya no seremos protegidos de los que nos amenazaba, sino que recibiremos de lleno los rayos gamma que el magnetismo solar desvíe.

Para el caso, nuestra suerte se parecerá mucho a la de los animales que viven actualmente en la zona de Chernobil. Ellos parecen en plena salud y en forma, pero cuando se examina su ADN, se ve toda la magnitud de los daños, y se sospecha que esos animales van a tener mucha dificultad para reproducirse o para dar nacimiento a otros que no sean estériles...

Nuestro ADN va a ser dañado de tal manera por las partículas de alta energía del viento solar y de los rayos gamma que, cada vez más, los humanos devendrán estériles.

Se puede hacer un cálculo bastante ilustrativo...

Según lo que pasó con el volcán Toba, en Sumatra, con «la bocana de estrangulación genética» (llamada también «la gran restricción»), se ha podido establecer la curva de ecuación siguiente: $\{y = [(X + 3)^3 / e^x]/4\}$, que tiene como ordenadas (eje OY) la población en miles de millones de habitantes (sobre la base de 6,75 miles de millones):

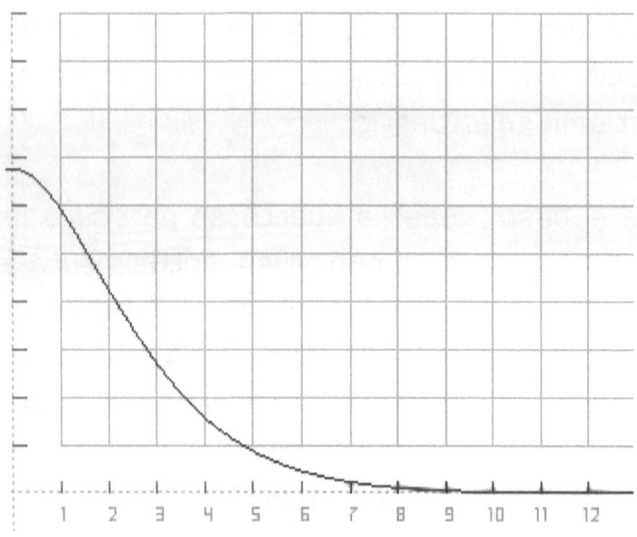

Cada unidad del OX representa 31,25 años.

Se puede constatar que 300 años después del comienzo del magnetismo 0, la población mundial total solo será de 33.750.000 personas. Francia solo contará ya con 310.000 personas...

Después de 937 años, ya no habrá ningún ser humano...

Pero cuidado: todo esto solo se apoya en un cálculo teórico, suponiendo que los humanos se quedan sin reaccionar y sin encontrar ningún medio para proteger al menos a un núcleo de personas.

Hay que comparar también lo que es comparable. La explosión del súper volcán provocó la caída de las temperaturas y restricciones alimenticias; pero los supervivientes eran genéticamente sanos y aptos para repoblar rápidamente la Tierra.

En nuestro caso, habrá una elevación de las temperaturas y suficiente para comer, pero los supervivientes serán estériles, o bien serán mutantes (en un sentido que no se puede predecir si será positiva o negativo).

Para protegernos de las radiaciones, no habrá bastante plomo en el mundo para recubrir nuestros inmuebles y fabricarnos escafandras.

Habrá que vivir bajo tierra, como lo hicieron nuestros antepasados de las cavernas o en bosques bien tupidos, que sobrevivieron a las inversiones magnéticas; es cierto que tenían también una espesa pelambre protectora sobre todo el cuerpo, comprendida la cara.

Las antiguas minas de sal tendrán un éxito enorme... después de haberlas limpiado de los desechos nucleares tan imprudentemente depositados en ellas...

Vivir en cavernas, en habitáculos vaciados en la roca, en ciudades subterráneas, o en inmuebles con muros muy espesos y que tengan, en lugar de ventanas, una webcam y una pantalla de plasma, solo será posible para una ínfima fracción de la humanidad.

La preciosa protección de plomo deberá ser reservada para las centrales eléctricas y las estaciones subterráneas.

Pero habrá que salir para ocuparse de los cultivos y del ganado, al menos de lo que quede. ¿Habrá que proveerse de «burkas» de plomo (con el calor que hará) o aceptar que haya hombres que mueran jóvenes para que otros sobrevivan, como los mineros de antaño se resignaban a morir de silicosis a los 45 años para que la población pudiera calentarse? Toda la economía habrá que revisarla. Con una población en caida exponencial, ¿cómo encontrar mano de obra para fabricar productos, y a quién vendérselos? ¿Y dónde enterrar los desechos de producción?

¿Y la construcción? En Francia, con mil veces más alojamiento que habitantes, aquellos que hayan invertido la suma extravagante de 60.000 ☐. por una habitación de servicio, ¿qué podrán hacer con ella? Harían bien en librarse de ella e invertir en una antigua champiñonera...

## ¿Hacerse el avestruz?

Una reacción previsible, en un deseo de autoprotección, sería decirse que todo esto es solo «bla-bla-bla», que si algo va mal en el mundo es a causa de los coches, de los dueños de las fábricas, y de los americanos o de los chinos, que todo lo que aquí se dice es demasiado terrible para ser cierto.

Sin remontarnos a Galileo, que acabó en la hoguera por haber sido el primero que dijo que la Tierra gira alrededor del Sol, tenemos el lastimoso ejemplo, hace algunas decenas de años, del físico Gérald Wasserburg, del Instituto Tecnológico de California, cuando formuló la hipótesis de que los cráteres de la Luna no eran de origen volcánico, sino que se debían a impactos de meteoritos. Aquellos a quienes se llama «científicos especialistas», le ridiculizaron e insultaron entonces de tal manera, que el pobre infeliz de vio obligado a recluirse en una cabaña de troncos durante dos años, para hacerse olvidar... hasta que se descubrió que tenía razón.

En los años 60, corrieron la misma suerte los «extravagantes» que sostenían la deriva de los continentes. ¡Felizmente se terminó por no seguir ya a los «científicos especialistas» de aquella época!

También se puede evocar aquí a Niels Borh, cuya tesis de que los electrones giran alrededor del núcleo en círculos perfectos (cuando en realidad son elipses) costó mucho refutarla.

El único innovador que fue la excepción, es Einstein. Como no se comprendía nada de sus teorías, se aceptaron apresuradamente para no quedar como idiotas...

Eso demuestra que una tesis, aunque sea mayoritaria, no es forzosamente exacta, vista la enorme inercia de los científicos a la hora de aceptar rectificaciones desgarradoras. Los ciudadanos deberían hacerse su idea personal objetiva, sin seguir ciegamente las ideas del momento, sobre todo si se demuestra su carácter contestable.

El problema es que los miles de científicos mundiales que no comparten las tesis «oficiales», son privados de palabra, tanto en los congresos como en los medios. Ahora bien, sus informes son muchos más creíbles que la versión «oficial» que pretende, contra todas las leyes físicas, que es el aire el que calienta los mares.

Si uno es objetivo, hay que reconocer que en lo que precede, todo es lógico, justificado y coherente.

Además la explicación dada señala la globalidad de los fenómenos que venimos sufriendo desde hace 300 años: calentamiento + recrudescencia del vulcanismo + aumento de los terremotos + destrucción creciente de la capa de ozono (y porque la destrucción es más fuerte en el polo sur que en el polo norte) + trastornos genéticos (esterilidad creciente) + las hecatombes en los insectos y en los pájaros.

Eso hace desde 2002 que había previsto todo eso y que protestaba en el desierto. Pero ahora, no estoy ya solo: él allí, en particular, los investigadores citados en lo que precede, miembros eminentes de universidades prestigiosas donde no se aceptan el primero venido "profesor Tournesol", pero "la crema de la crema".

Ahí tienes lo que me escribía Rob Coe (Universidad de Santa Cruz, California, cuya cuestión más arriba), por lo que se refiere a lo que precede: *Dear Paul, What you suggest seems to me to deserve serious thought.* (Querido Paul, lo que me sugiere, parece digno de ser tomado seriamente en consideración.).

Y al fin, las autoridades científicas se mueven.

La Agencia Espacial Europea ha lanzado un grupo de tres satélites, bajo la dirección del Profesor Niels Olsen, de la Universidad de ... Copenhague (!), no para verificar la tesis de la inversión magnética, sino para cartografiar esta inversión de la que ya se reconoce que está muy en curso.

Satélite de la operación SWARM

Sabremos así a qué velocidad decrece el campo magnético y cuándo comenzará el largo periodo de incertidumbre magnética: en 300 años o en 50 años...

Sabremos en qué salsa y cuándo seremos comidos, pero seremos comidos...

## Para terminar...

Menos de un mes después de haber escrito estas líneas, pareciera que yo no esté demasiado equivocado...

En efecto, como estaba previsto más atrás, hemos tenido en 2012 un verano muy lluvioso, salvo (como estaba previsto también) en el sur.

Más molesto: la avería de los teléfonos móviles en millones de personas, a consecuencia de los daños causados en las memorias de los microprocesadores por las partículas de alta energía y los rayos gamma.

Igualmente ha sucedido con la colosal avería eléctrica en la India, afectando a 300 millones de personas.

No se sorprenda de la repetición cada vez más frecuente de estos incidentes.

Más grave: se han constatado auroras (cada vez menos boreales) en pleno centro de los U.S.A., en nuestras latitudes, encima de zonas muy pobladas. Los ignorantes de todo pelo se han extasiado ante la «belleza» de este espectáculo, imaginándose que se trataba de inofensivos rayos solares (en plena noche), cuando en realidad eran partículas de alta energía y rayos gamma, destructivos para el hombre y mortales como para los pájaros de Alaska.

www.ingramcontent.com/pod-product-compliance
Lightning Source LLC
Chambersburg PA
CBHW030447220526
45464CB00006B/2438